BEI GRIN MACHT SICH IHR WISSEN BEZAHLT

- Wir veröffentlichen Ihre Hausarbeit, Bachelor- und Masterarbeit

- Ihr eigenes eBook und Buch - weltweit in allen wichtigen Shops

- Verdienen Sie an jedem Verkauf

Jetzt bei www.GRIN.com hochladen und kostenlos publizieren

Timmy Schwarz

Meeresspiegelanstieg und zukünftig häufigere Sturmflutereignisse

Reaktionen in Küsten- und Inselschutz, Deichbau und Marschentwässerung

GRIN Verlag

Bibliografische Information der Deutschen Nationalbibliothek:

Die Deutsche Bibliothek verzeichnet diese Publikation in der Deutschen National-
bibliografie; detaillierte bibliografische Daten sind im Internet über http://dnb.d-
nb.de/ abrufbar.

Impressum:

Copyright © 2010 GRIN Verlag GmbH
Druck und Bindung: Books on Demand GmbH, Norderstedt Germany
ISBN: 978-3-640-71750-7

Dieses Buch bei GRIN:

http://www.grin.com/de/e-book/158159/meeresspiegelanstieg-und-zukuenftig-
haeufigere-sturmflutereignisse

Inhalt

1   Meeresspiegelanstieg und Sturmfluthäufigkeit

Seit Beginn der bis heute währenden Warmzeit vor ca. 10.000 Jahren stieg der Wasserspiegel in den Weltmeeren durch das Abschmelzen der riesigen Landgletscher sowie der ausgedehnten Polkappen weit über 50 m an (KULLE, 2000). Die heutige Nordsee war während der Eiszeit eine sandige Tundra (BURGERMEISTER, 1996). Die Themse war ein Nebenfluss des Rheines (KULLE, 2000).

Bis vor rund 7.000 Jahren betrug der durchschnittliche Pegelanstieg pro 100 Jahre ca. einen Meter. Danach verlangsamte sich der Prozess (NLWKN, 2007).

Wie in Abbildung 1 verdeutlicht, stabilisierte sich der Anstieg auf wenige cm pro Jahrhundert.

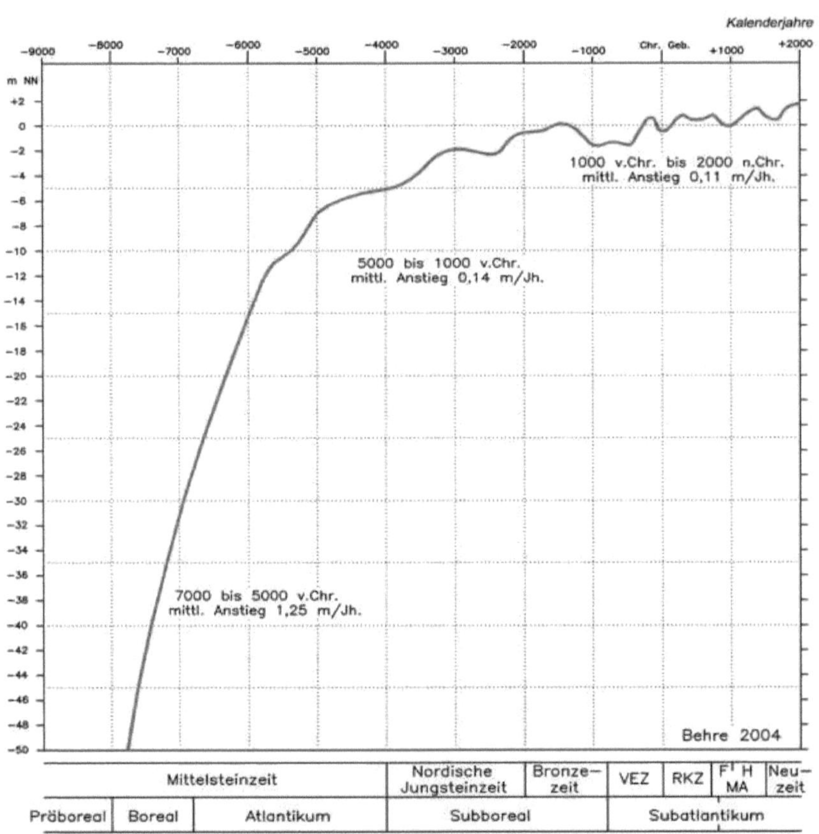

Abb. 1: Meeresspiegelanstieg seit der letzten Eiszeit (UNIVERSITY OF KIEL, 2009)

Erst seit der Industrialisierung - also seit Beginn des 19. Jahrhunderts - hat sich der Anstieg wieder beschleunigt und betrug im 20. Jahrhundert bereits 17 cm (UBAKOMPASS, 2009; CSIRO AUSTRALIA, 2006; CSIRO MARINE AND ATMOSPHERIC RESEARCH, 2009a).

Laut Generalplan Küstenschutz geht der UN-Klimarat in seiner neuesten Studie von einem Anstieg der Nordsee um etwa 19 bis 58 cm in den nächsten 100 Jahren aus (NLWKN, 2007).

Mit der präzisen Satellitenvermessung ist eine momentane Anstiegsrate von 3,2 mm pro Jahr festzustellen (CSIRO MARINE AND ATMOSPHERIC RESEARCH, 2009b):

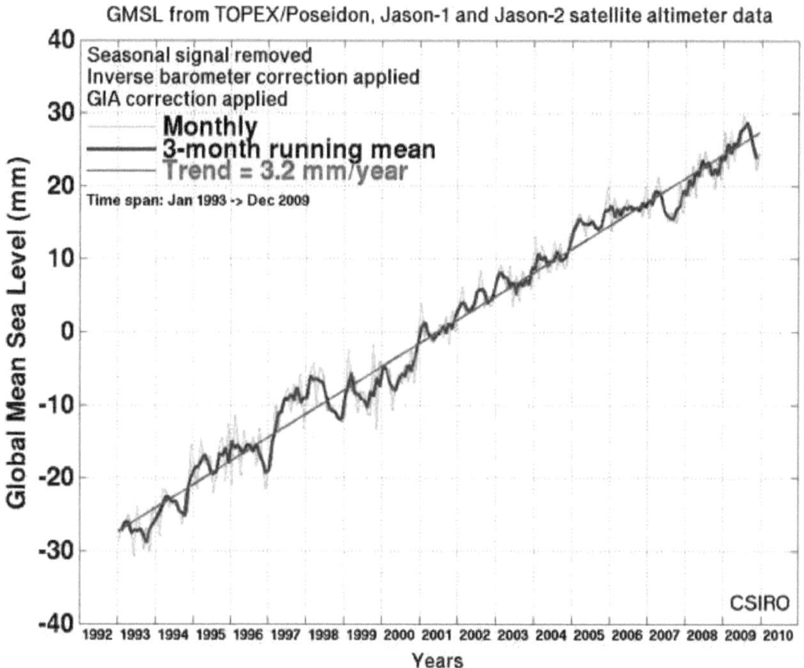

Abb. 2: Meeresspiegelanstieg laut Satellitenvermessung (CSIRO MARINE AND ATMOSPHERIC RESEARCH, 2009b)

Der stetige Klimawandel trägt aber nicht nur zur globalen Erwärmung und damit zum Wasserspiegelanstieg bei, sondern verursacht auch meteorologische Veränderungen.

Entstehen damit auch immer öfter immer heftigere Stürme über den Ozeanen?

Was geschieht über dem Atlantik? Die Nordwest-Stürme drängen in die Deutsche Bucht und entladen ihre Energie im ungünstigen Fall genau dann, wenn die höchste Gezeitenwelle als Fernwelle aus der Springflut (mit der sogenannten Springverspätung von ca. 75 Stunden nach

Vollmond oder Neumond) das Nordseeufer erreicht. In diesem selten vorkommenden Fall entsteht eine Sturmflut. Übersteigen die auflandigen Windböen eine Geschwindigkeit von 117 Stundenkilometer, so wird daraus eine Orkanflut (RHEIDER DEICHACHT, 2009).

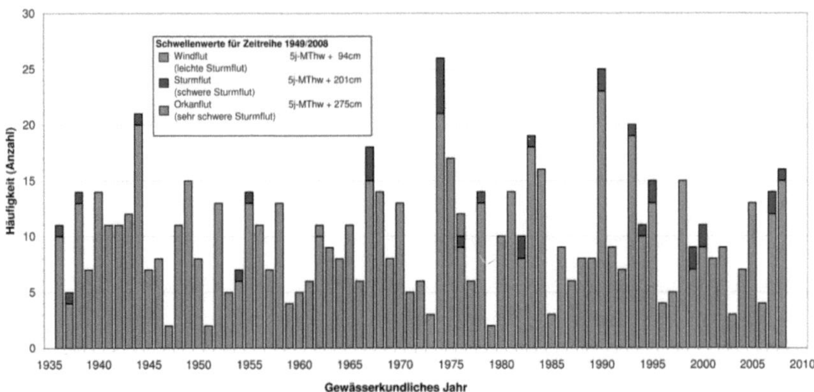

Abb. 3: Sturmfluthäufigkeit am Pegel Norderney (NLWKN, 2009c; HEYKEN, 2008)

Nach dieser Grafik (Abbildung 3) ist kein Trend zu einer signifikanten Erhöhung der Sturm-/Orkanflut-Ereignisse in den letzten 75 Jahren feststellbar. Die großen Flutereignisse treten zyklisch gehäuft auf. Ein längerer Zyklus mit großen Sturmfluten fand von Mitte der siebziger bis Anfang der neunziger Jahre statt. Die Zyklen davor und danach waren durch Sturmfluten geprägt, die eine geringere Intensität aufwiesen (HEYKEN, 2008).

Die Deichverbände gehen nach eigenen Aussagen aktuell (telefonische Auskunft und E-Mail-Anfragen im Februar/März 2010) nicht von einer Erhöhung der Sturmflutereignisse in naher Zukunft aus.

Bei der für Deutschland in der jüngeren Vergangenheit verheerendsten Sturmflut am 16./17. Februar 1962 traf die ungünstigste Konstellation noch nicht einmal zu. Hier hat der gewaltige Orkan „nur" am Ende der Nipptide zugeschlagen und verpasste den Springhöhepunkt (RHEIDER DEICHACHT, 2009).

Der höchste bisher gemessenen Wasserstand trat bei der Sturmflut am 3. Januar 1976 an nahezu der gesamten Nordseeküste auf (NLWKN, 2005). Dass hierbei ein wesentlich geringerer Schaden entstand, ist nur den vorher ausgeführten umfangreichen Deichbau-maßnahmen (wie Erhöhungen, Verstärkungen, Ertüchtigungen, Sanierungen und Neubauten) zu verdanken (HEYKEN, 2009).

2 Reaktionen in Küsten- und Inselschutz, Deichbau und Marschenwässerung

2.1 Deichbau als Küstenschutz

Die ersten Siedler nutzten ab dem 6. Jahrhundert v. Chr. die Hochgestade entlang von Flüssen oder andere angelandete Bodenerhebungen um darauf ihre Behausungen zu bauen. Mit einfachen Ringdeichen umgeben, wurden daraus ab dem elften Jahrhundert die sogenannten Wurten oder Warften, die eine gewisse Überflutungssicherheit brachten (RHEIDER DEICHACHT, 2008c).

Erst ab dem 14. Jahrhundert wurden einfache durchgehende Linien-Deiche entlang der Küste und den Flussmündungen in reiner Handarbeit aufgeschüttet (RHEIDER DEICHACHT, 2008c). Diese waren anfänglich nur rund 2 m hoch (CARSTENS, 2008) und ihre Böschung war relativ steil bemessen (Neigung ca.1:2). Sie wurden komplett aus den unmittelbar daneben anstehenden Kleiböden hergestellt. Dabei hat sich dieses Bodenmaterial als überaus tauglich für den Deichbau erwiesen (CARSTENS, 2008).

Klei oder auch die Kleimarsch besteht aus Feinsand, schluffigem Ton und organischen Bestandteilen von nacheiszeitlichen Meeres- oder Flussablagerungen aus wechselnden Überflutungs- und Verlandungsperioden (CHEMIE.DE, 2010; WESSELS, 2003; CARSTENS, 2008).

Um eine ausreichende Verdichtung und damit auch Abdichtung der Deiche zu erreichen, wurden immer wieder ganze Schafherden über die Deiche getrieben (HANZ, 2010).

Mit den schlanken Gliedmaßen dieser Tiere und den drückend walkenden Bewegungen ließ sich der etwas zähe und bindig-schwere Klei am besten verdichten. Deshalb ist der Einsatz von Schafherden zur Deichpflege auch heute noch vielerorts üblich (WASSER- UND BODENVERBÄNDE OTTERNDORF, 2010). Nicht umsonst haben sich vor vielen Jahren auch Maschinenbauer daran ein Beispiel genommen und die inzwischen bereits veraltete Schaffußwalze konstruiert (RITCHIEWIKI, 2009).

Abb. 4: Schaffußwalze (FLEMING, 2009)

Die Deiche waren jedoch den periodisch auftretenden Sturmfluten nicht gewachsen und wurden immer wieder von den anstürmenden Wassermassen zerstört. Beim anschließenden

Wiederaufbau wurde die zu letzt erreichte Fluthöhe als neue Deichhöhe angesetzt. Somit wuchsen die Deiche über die Jahrhunderte sowohl in Höhe als auch vor allem in der Dammfußbreite immer mehr an (RHEIDER DEICHACHT, 2008c).

Anders als bei Flussdeichen, die lediglich mit hydrostatischem Wasserdruck belastet werden weil die Strömung nur längs am Damm vorbeifließt, treffen die Sturmflutwellen frontal auf die Küstenschutzdeiche auf.

Mittlerweile hatten die negativen Erfahrungen gelehrt, dass die Deichneigung auf der Seeseite wesentlich flacher ausfallen muss, um dem Wellendruck ausreichend standzuhalten. Erst ab einer Querneigung von 1:6 oder flacher stellte sich der gewünschte Erfolg ein (vgl. Abbildung 5).

Auch die Binnenseite war bis dahin mit einer Neigung von bis zu 1:1,5 zu steil geböscht. Hier wurde ebenfalls immer mehr abgeflacht um bei eventuellen Überströmungen zu verhindern, dass eine rückschreitende Erosion den gesamten Deich aushöhlt und zum Zusammenbruch führt. Die heute übliche Querneigung von 1:3 oder flacher kann dies gewährleisten.

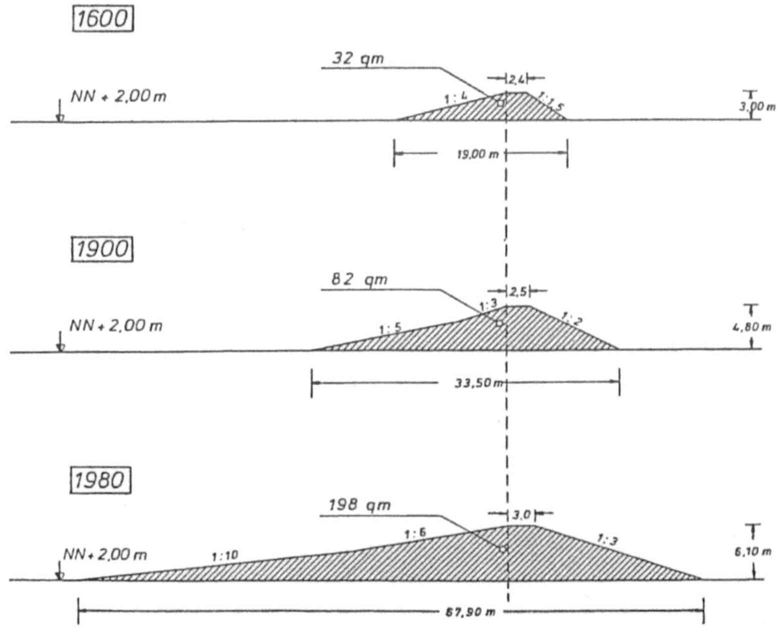

Abb. 5: Deichquerschnitte seit 1600 (MÖLLER, 2009b)

Auch bei der Abdichtungsaufgabe gibt es zwischen Fluss- und Küstendeichen eine unterschiedliche Wertigkeit. Die Deiche entlang der großen Flüsse müssen einem Hochwasserstand über mehrere Tage (ggf. auch einige Wochen) standhalten. Dazu erhalten die Dammschüttungen aus tragfähigem, schwach bindigem Material (z.B. Kiesböden) in vielen Fällen einen Dichtungskern aus einem Lehm/Ton-Gemisch oder einer Stahl-Spundwand, die eine Durch- und Untersickerung verhindert (WASSERWIRTSCHAFTSAMT ANSBACH, 2010; GÜNTHER, 2009; PAG, 2004).

Die Küstendeiche erhalten dagegen eine 1,5 m dicke Kleischicht auf der Seeseite und eine 1,0 m dicke Kleischicht auf der Landseite zur Oberflächenabdichtung (NLWKN, 2007).

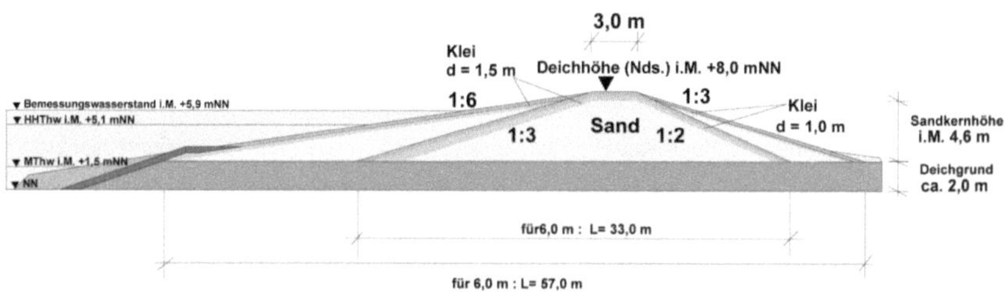

Abb. 6: Deichquerschnitte und Flächenbedarf (OHLE & DUNKER, 2003)

Als hauptsächliches Deichbaumaterial wird Sand verwendet, der überwiegend vom naheliegenden Meeresgrund abgesaugt und in die Deichbaugruben eingespült wird (MÖLLER, 2009a).

Dieser Sand im Deichkern hat nicht nur eine tragende Funktion, sondern sorgt auch für das schadlose Absickern des in den Deich eindringenden Wassers.

Hohe Wasserstände bleiben tidenbedingt nur für wenige Stunden. Daher ist die durchsickernde Wassermenge so gering, dass sie über den Deichgraben und das Siel ohne Weiteres abgeführt werden kann (PBFA, 2006; RHEIDER DEICHACHT, 2008a).

Obwohl die neuen Deiche hauptsächlich aus Sand bestehen, steigt mit dem Anstieg der Deichgrößen auch der Bedarf an Klei in eine Größenordnung, die unmittelbar vor Ort nur schwerlich zu beschaffen ist. Für einen Kilometer Deich werden bis zu 200.000 Tonnen (~ 90.000 m³) verbaut. Allein für neue Abdeckschichten der Deiche in Niedersachsen werden in den nächsten 25 Jahren rund 14 Millionen m³ benötigt. Falls die Deiche im Zuge des Klimawandels z.B. um einen Meter erhöht werden müssten, so wäre alleine für den Bereich der Deiche in Niedersachsen eine Kleimenge von wenigstens 30 Millionen m³ erforderlich.

Diese Mengen sind grundsätzlich vorhanden und auch die Lieferentfernung liegt derzeit nur in Ausnahmefällen bei über 25-30 km. Allerdings ist es fraglich, wie lange man noch in Zukunft auf nahe gelegene Kleivorkommen ausreichend guter Qualität zurückgreifen kann.

Besonders nachhaltig ist die Gewinnung von Klei aus Pütten im Vorland. Diese können wieder verlanden, wobei sich erneut verwendbarer Klei ablagert. Als Kleialternative wird bereits Hafenschlick verwendet.

Wo kein Vorland vor dem Deich vorhanden ist, ist es günstig, höhere Deckwerke aus Beton oder Basalt anstelle von Klei einzubauen.

(CARSTENS, 2008)

Die Höhenbemessung folgt bei Fluss- und Küstendeichen ebenfalls unterschiedlichen Ansätzen. Beim Flussdeichbau wird die DIN 19712 angewandt. So orientiert sich die Höhe von Flussdeichen in den meisten Fällen an einem 100-jährlichen Hochwasserereignis – kurz HQ_{100} - als Bemessungshochwasser plus eines lokal passenden Sicherheitszuschlages (Freibord). Die Freibordhöhe beträgt in der Regel einen Meter und schützt vor erhöhtem Wellengang, Wind und Strömungen (STROBL et al., 2005).

Beim Küstendeich werden die EAK 2002 (Empfehlungen für Küstenschutzwerke) angewandt.

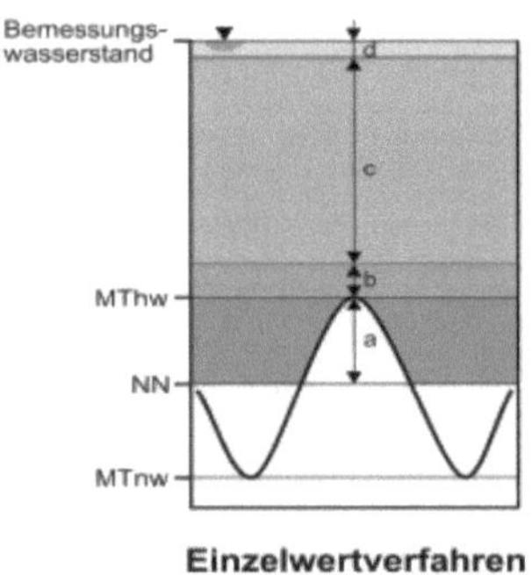

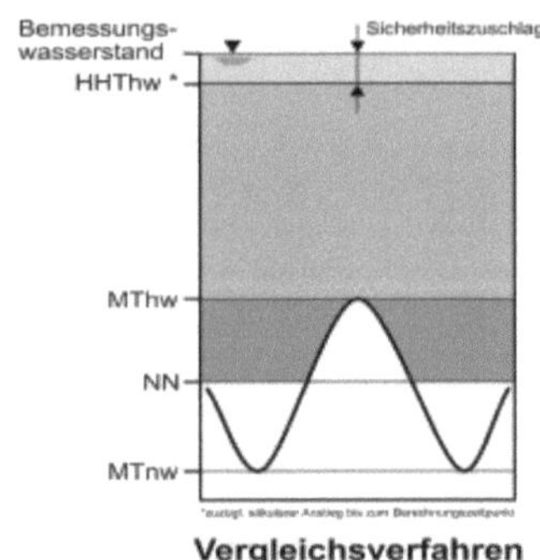

Abb. 7: Einzelwert- und Vergleichsverfahren (NLWKN, 2007)

Mit dem höchsten Tidenhochwasserstand (HHThw) und einem Sicherheitszuschlag von 25 cm (und seit dem Entschluss vom 6. Juli 2007 zusätzlich noch weitere 25 cm für den zu erwartenden Wasserspiegelanstieg) wird der Bemessungswasserstand festgelegt. Hierbei können verschiedene Verfahren (wie in Abbildung 7 gezeigt) eingesetzt werden, um die Deichhöhe festzulegen. (HEYKEN, 2007; NLWKN, 2007; PBFA , 2006).

Aus wirtschaftlichen Gründen ist das Deichbestick (behördlich festgelegte Deichab-

messungen) so gewählt, „dass eine kleine Anzahl von Wellen über den Deich laufen [darf]"
(CARSTENS, 2008). Die aktuelle Vorgabe für die Deichhöhe liegt an der niedersächsischen
Küste im Mittel bei NN + 8,0 m (vgl. Abbildung 6).

Es gibt aber auch Gemeinsamkeiten bei den Fluss- und Küstendeichen:
Unmittelbar entlang der Flussufer verlaufen häufig sogenannte Sommerdeiche. Diese sind
allenfalls in der Lage leichte Hochwasser (z.B. Sommerhochwasser) abzufangen
(ZENO.ORG, 2009).
Der wirkliche Schutzdeich, der sogenannte Winterdeich, liegt nach einem Vorlandstreifen, der
oft auch ein Altwasser oder einen Auwald umfasst, weiter im Hinterland. Im Hochwasserfall
ist diese Fließquerschnitt-Vergrößerung von großer Bedeutung.
Ähnlich sieht es an der Küste aus. Hier sind Sommerdeiche oftmals als Teile von Landge-
winnungsmaßnahmen weit vor den eigentlichen Sturmflut-Schutzdeichen, den Winterdeichen,
vorgelagert. Die Sommerdeiche sind so beschaffen, dass eine größere Flut ohne Schaden
darüber läuft und dennoch entscheidend an Energie verliert. Somit wird der Winterdeich
entlastet (ZENO.ORG, 2009; SCHWITTERS et. al., 2006).
Die vorgelagerten Deiche verhindern also stärkere Fluten im tief gelegenen Marschland und
somit wird das Land nicht wieder ins Meer abgetragen (SOMMER, 2008).
Auch wenn der Sommerdeich nach erfolgreicher Landgewinnung zu einem echten
Schutzdeich ausgebaut wird (und somit eingedeichtes Neuland entstanden ist, also ein Koog),
verliert der bisherige weiter im Landesinneren befindliche alte Deich nicht ganz seine
Funktion (SOMMER, 2008; KAG, 2002). Als sogenannter Schlafdeich oder Binnendeich
bildet er eine zweite Schutzlinie (ZENO.ORG, 2009; SOMMER, 2008; RHEIDER
DEICHACHT, 2008a; SCHWITTERS et. al., 2006).
Abbildung 8 zeigt eine typische Abfolge – von der vorgelagerten Insel über Meer und
Festland mit den üblichen Elementen.

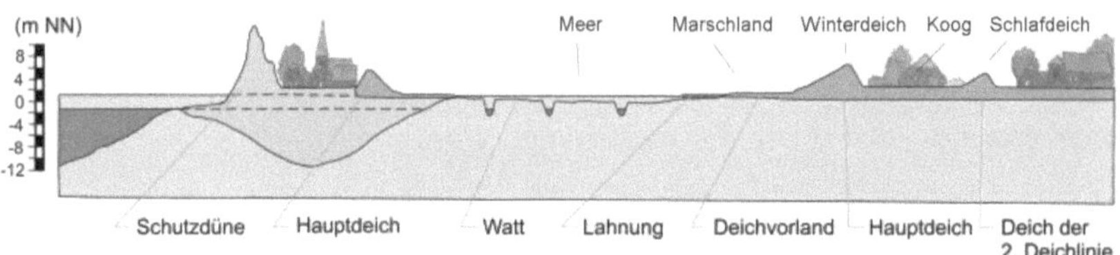

Abb. 8: Küstenschutzelemente wie Marschland, Winter- und Schlafdeich (verändert nach NLWKN, 2007)

Zusätzlich kann man das eingedeichte Marschland entwässern und trocken halten, indem Gräben, Kanäle, Pumpstationen und Siele zum Einsatz kommen. Marschgebiete zeichnen sich besonders durch ihre hohe Fruchtbarkeit aus, da die Böden schwer und nährstoffreich sind und die küstennahe Lage ein ausgeglichenes Klima aufweist. Zudem ist der Grundwasserspiegel dort trotz der oberflächlichen Entwässerung vergleichsweise hoch, wodurch Pflanzen gut mit Wasser versorgt werden (UNI-PROTOKOLLE.DE, 2004).

2.2   Deichbauvariationen als Inselschutz

Bei den vor der Küste vorgelagerten Inseln ergeben sich einige Besonderheiten beim Küstenschutz.

Die ständig wirkenden Naturkräfte wie Gezeiten, Strömung, Wind und Wellen haben die Größe und Formen der vorgelagerten Inseln seit über zwei Jahrtausenden verändert. Größere Sturmfluten haben ungesicherte Inselteile weggespült. Die Erosion nagt an allen Enden.

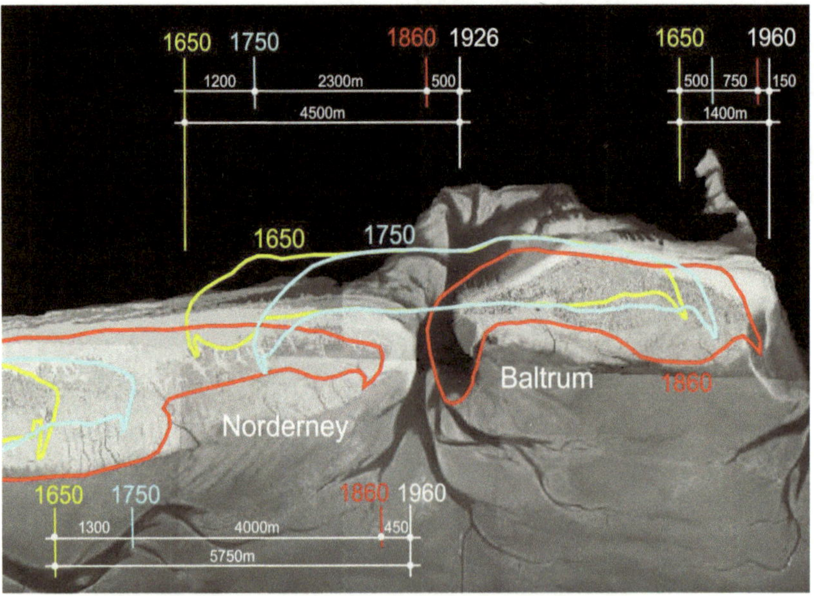

Abb. 9: Entwicklung von Baltrum (NLWKN, 2008)

Es bilden sich zwar auch Anlandungen, die aber durch den spürbaren Wasserspiegelanstieg langfristig wieder abgetragen werden (NLWKN, 2008).

Abbildung 9 zeigt deutlich, wie sich die Form der Inseln Norderney und Baltrum im Laufe der Zeit unter dem Einfluss des Meeres verändert haben. Dabei sind die Inseln nicht etwa seitlich verdriftet, sondern der Westteil wurde abgetragen, und im Osten bildete sich Neuland.

Um der weiteren Erosion Einhalt zu gebieten sind massive Inselschutzanlagen erforderlich. Wie das Beispiel auf Baltrum zeigt, hilft das Zusammenwirken von massiven Deckwerk-Verbauungen, weit ins Meer reichenden Buhnen, den gesicherten Dünen und neuen Deichen zum dauerhaften Erhalt (NLWKN, 2008).

Abb. 10: Computergrafik des geplanten Umbaus und Luftbild vom März 2008 (NLWKN, 2008)

2.3   Maßnahmen der Länder

Das Land Niedersachsen hat zusammen mit der Stadt Bremen einen Generalplan Küstenschutz für das Festland 2007 verabschiedet. Ein weiterer Generalplan für die Inseln wird derzeit aufgestellt.

Der Generalplan dient als Grundlage für die Planung künftiger Sicherungs-Projekte. Mit Geldern aus Land, Bund und EU sollen in den kommenden Jahren die vordringlichsten Aufgaben bewältigt werden. Dafür sind insgesamt 620 Millionen Euro nötig (NLWKN, 2007).

Insgesamt 22 Deichverbände aus Niedersachsen kümmern sich um 610 km Hauptdeichlänge. Seit 1955 (bis 2006) wurden 2,2 Milliarden Euro zum Bau und Erhalt der Deichanlagen investiert (NLWKN, 2007).

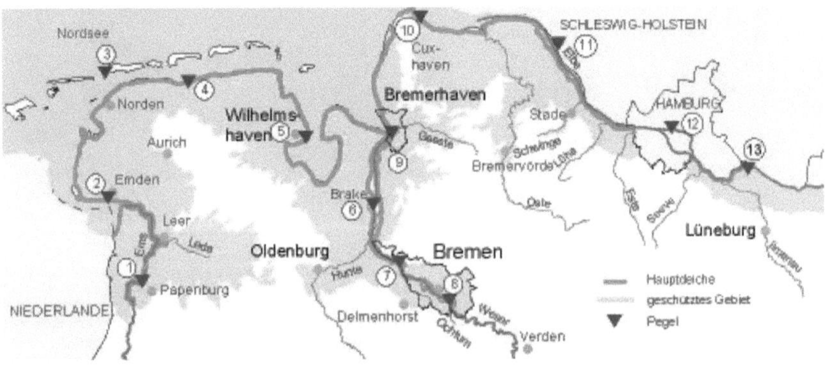

Abb. 11: Das Gebiet der 22 Deichverbände Niedersachsens (NLWKN, 2007)

Vergleichbar, nur in kleinerem Maßstab, sieht es beim Bundesland Bremen aus. Hier gibt es zwar nur zwei Deichverbände, die sich dafür aber um 74 km Hauptdeichlänge kümmern. Seit 1955 (bis 2006) wurden hier 180 Millionen Euro zum Bau und Erhalt der Deichanlagen investiert (NLWKN, 2007).

Da die Verbesserung des Küstenschutzes von nationaler Bedeutung ist, trägt der Bund als Gemeinschaftsaufgabe 70 % der Gesamtkosten (30 % das jeweilige Bundesland) (NLWKN, 2007).

Damit wurde ein Gebiet von rund 7.000 km² Siedlungs- und Wirtschaftsraumfläche und einer Bevölkerung von ca. 1,8 Millionen Menschen gegen die Unbilden der Nordsee abgesichert (NLWKN, 2007).

Der Generalplan wurde federführend vom Niedersächsischen Landesbetrieb für Wasserwirtschaft, Küsten und Naturschutz - kurz NLWKN - unter Berücksichtigung des Bundesnaturschutzgesetzes (BNatSchG) und des Bundeswasserstraßengesetzes (WaStrG) aufgestellt (NLWKN, 2007).

Die lokalen Deichverbände als Wasser- und Bodenverbände tragen im Wesentlichen die Verantwortung für den jeweiligen Küstenschutz. Dabei haben sie das Wasserverbandsgesetz (WVG) anzuwenden (NLWKN, 2007). Beim Bau- und Ausbau von Küstenschutzanlagen müssen die Verbände Umweltverträglichkeitsprüfungen nach dem Gesetz über die Umweltverträglichkeitsprüfungen (UVPG) durchführen (BUHLERT, 2006). Vereinfachte Plangenehmigungsverfahren anstelle von aufwändigen Planfeststellungsverfahren sind dann möglich, wenn keine neue Deichtrasse und kein erkennbar großer Eingriff in den vorhandenen Naturhaushalt zu erwarten ist (BUHLERT, 2006).

Im Folgenden werden als Beispiel für die Planungs- und Bauausführungs-Aufgaben der Deichverbände die Maßnahmen der Deichacht Esens-Harlingerland (siehe Abbildung 12) beschrieben (zitiert nach S. 35 des Generalplans Küstenschutz).

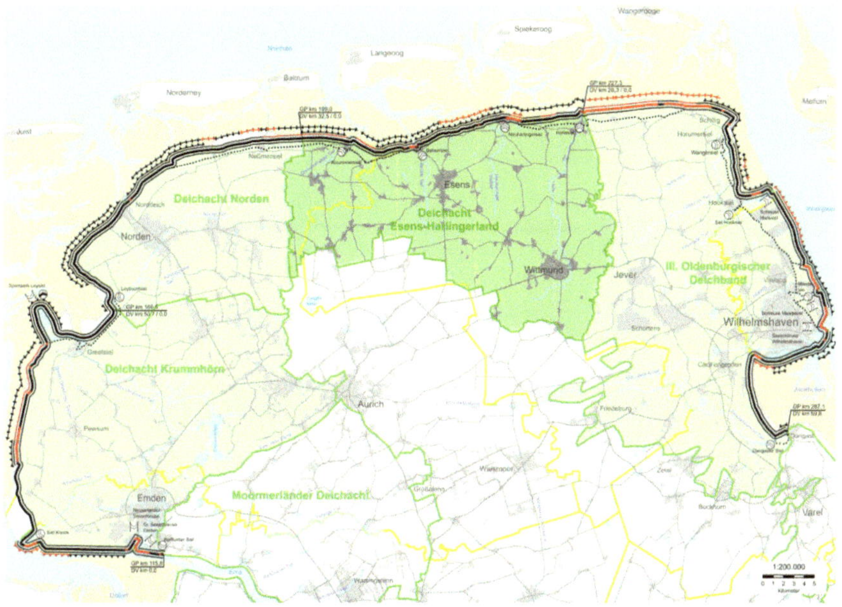

Abb. 12: Gebiet der Deichacht Esens-Harlingerland (NLWKN, 2007)

Der Hauptdeich wurde Mitte der 1990er Jahre nach den damaligen behördlichen Vorgaben (bestickgemäß) hergestellt. Die Hauptdeichlinie verläuft von einem Seedeich ab Höhe der Insel Baltrum bis nach Harlesiel und misst 28,3 km (NLWKN, 2007).

Auf rund 4 km Länge weist die Hauptdeichlinie als Schwachpunkt eine begrenzte Kleiqualität und -stärke auf.

Die Treibselabfuhrwege sind auszubauen und die Deichzuwegungen sind zu verstärken. Zudem ist das vorhandene Lahnungssystem bereichsweise grundinstand zu setzen (NLWKN, 2007).

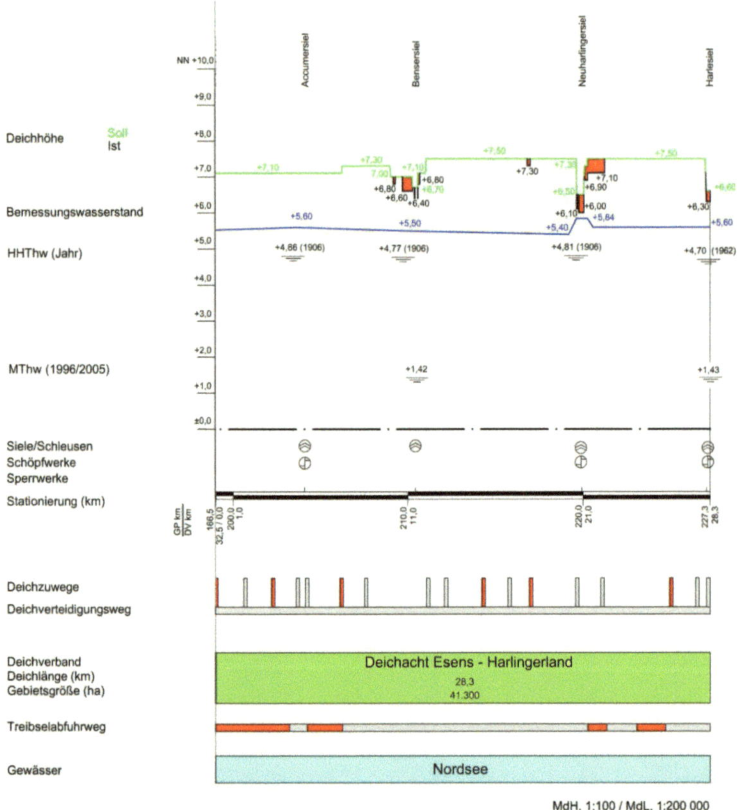

Abb. 13: Schematischer Längsschnitt des Gebiets der Deichacht Esens-Harlingerland (NLWKN, 2007)

Erforderliche Baumaßnahmen (zitiert nach NLWKN, 2007):

- Grundinstandsetzung und Ausbau des Sturmflutschutzes in den Sielorten Dornumersiel, Bensersiel, Neuharlingersiel und Harlesiel
- Beseitigung der Querschnittsdefizite ab der westlichen Verbandsgrenze auf rund 4 km Länge
- Bau von Treibselabfuhrwegen incl. Außenbermenerhöhungen auf insgesamt rund 7,4 km Länge
- Beseitigung des Unterbesticks von 0,40 m auf insgesamt rund 2,2 km Länge in unterschiedlich langen Abschnitten
- Anpassung von Deichzuwegungen
- Bereichsweise Grundinstandsetzung des Lahnungssystems

Alleine für diese Baumaßnahmen sind Kosten in Höhe von 13,7 Mio. Euro eingeplant (NLWKN, 2007).

3   Fazit

Die Erhöhung der globalen Durchschnittstemperatur bewirkt einen Klimawandel. Mit dem damit verbundenen schnelleren Abschmelzen der Polkappen und Gletscher steigt der Meereswasserspiegel weltweit schneller an als in den letzten 7.000 Jahren. Hinzu kommt die Ausdehnung der Wassermengen durch die Erhöhung der Ozeantemperaturen.

Dieser Pegelanstieg ist für die Küsten-Städte und -Landstriche ein ernstzunehmendes Problem.

Weite Teile des küstennahen, landwirtschaftlich genutzten, fruchtbaren Ackerlandes liegen bereits heute bis zu zwei Meter unter dem NN-Meeresspiegel (NLWKN, 2007). Insbesondere Sturmfluten, die einen Tidenhochwasserstand von fast sechs Meter über dem Normal-Null-Niveau verursachen, zeigen das Gefährdungspotenzial auf. Die bewohnten Inseln und die Einzelgehöfte, die als Wurten / Warften bisher als hochwassersicher galten, werden es künftig nicht mehr sein.

Mit bis zu 9 m hohen und ca. 100 m breiten Deichen verteidigen sich die Küstenbewohner gegen eine drohende Überflutung (RHEIDER DEICHACHT, 2008b).

Das einzig Beruhigende an dieser Entwicklung ist, dass sich der Vorgang mit momentan drei Millimetern pro Jahr in einer überschaubaren Geschwindigkeit bewegt (CSIRO MARINE AND ATMOSPHERIC RESEARCH, 2009b). Mit entsprechend hohem finanziellem Aufwand können die Deiche, Sperrwerke, Buhnen, Deckwerke, Siele und Deichscharten den erhöhten Anforderungen baulich angepasst werden. Auch Sandvorspülungen wie beispielsweise auf Sylt wären denkbar.

Ein weiterer Umstand ist bisher positiv feststellbar. Die Klimaveränderungen wirken sich (noch) nicht auf die Anzahl und Intensität der Sturm- bzw. Orkanfluten aus.

Die langjährigen Aufzeichnungen zeigen ein gewisses zyklisches Verhalten auf, was sich scheinbar (noch) nicht geändert hat.

Eine dumpfe Ungewissheit bleibt allerdings. Denn was passieren könnte, wenn sich das Weltklima drastischer ändern sollte als bisher geglaubt, ist schwer voraus zu sehen.

Anstatt bereits jetzt gegebenenfalls überzogene Gegenmaßnahmen zu treffen, wird aus Wirtschaftlichkeits- und Platzbedarfsgründen lieber abgewartet.

Wenn das Unerwartete dennoch eintrifft, kann allerdings alles zu spät sein.

Vielleicht sollte daher schon jetzt auch über einen alternativen Umgang mit der Problematik nachgedacht werden. Das Aufgeben gewisser Landstriche (u.a. die ostfriesischen Inseln), aber auch ein Leben mit dem Wasser - beispielsweise in schwimmenden Siedlungen - könnte den finanziellen Aufwand langfristig im Rahmen halten.

Literatur

BUHLERT, M. (2006): Entwicklung der Zehn Grundsätze für einen effektiveren Küstenschutz. http://cdl.niedersachsen.de/blob/images/C25848931_L20.pdf. Letzter Zugriff: 23.03.2010.

BURGERMEISTER, J. [Red.] (1996): Diercke-Weltatlas. Braunschweig: Westermann. 3. Auflage.

CARSTENS, R. (2008): Ohne Klei kein Deichbau. Reichen die Vorräte? In: NIEDERSÄCHSISCHER LANDESBETRIEB FÜR WASSERWIRTSCHAFT, KÜSTEN- UND NATURSCHUTZ (Hrsg.) (2008): Jahresbericht 2007. Norden. S. 32-33. Abrufbar im Internet: http://cdl.niedersachsen.de/blob/images/C56096385_L20.pdf. Letzter Zugriff: 22.03.2010.

CHEMIE.DE INFORMATION SERVICE GmbH (2010): Klei. http://www.chemie.de/lexikon/d/klei/. Letzter Zugriff: 22.03.2010.

CSIRO AUSTRALIA (2006): A 20th century acceleration in the rate of sea-level rise. http://www.csiro.au/news/ps13f.html. Letzter Zugriff: 22.03.2010.

CSIRO MARINE AND ATMOSPHERIC RESEARCH (2009a): Historical sea level changes. Long term. http://www.cmar.csiro.au/sealevel/sl_hist_intro.html. Letzter Zugriff: 22.03.2010.

CSIRO MARINE AND ATMOSPHERIC RESEARCH (2009b): Historical sea level changes. Last two decades. http://www.cmar.csiro.au/sealevel/sl_hist_last_15.html. Letzter Zugriff: 22.03.2010.

GÜNTHER, M. (2009): Länderreport. Kein Deich, kein Land, kein Leben. http://www.dradio.de/dkultur/sendungen/laenderreport/931780/. Letzter Zugriff: 22.03.2010.

HANZ, M. (2010): Deichschafe auf dem Rückzug. http://www.nwzonline.de/Region/Kreis/Friesland/Wangerland/Artikel/2275372/Deichschafe+auf+dem+R%FCckzug.html. Letzter Zugriff: 22.03.2010.

HEYKEN, H. (2007): Niedersachsen Küstendeiche werden ab sofort höher gebaut als bisher. http://www.nlwkn.niedersachsen.de/master/C22398955_N22398616_L20_D0_I5231158.htm. Letzter Zugriff: 23.03.2010.

HEYKEN, H. (2008): 15 Sturmfluten sind keine Boten des Klimawandels. In: NIEDERSÄCHSISCHER LANDESBETRIEB FÜR WASSERWIRTSCHAFT, KÜSTEN- UND NATURSCHUTZ (Hrsg.) (2008): Jahresbericht 2007. Norden. S. 14-15. Abrufbar im Internet: http://cdl.niedersachsen.de/blob/images/C46691065_L20.pdf. Letzter Zugriff: 22.03.2010.

HEYKEN, H. (2009): Küstenschutz in Niedersachsen. Sicherheit für die Menschen. http://www.nlwkn.niedersachsen.de/master/C6550989_N5507566_L20_D0_I5231158.html. Letzter Zugriff: 22.03.2010.

KAG (Konrad-Agahd-Grundschule) (2002): Landgewinnung an der deutschen Nordseeküste. http://www.agahd-g.cidsnet.de/rap/landgewi.htm. Letzter Zugriff: 23.03.2010.

KULLE, D. (2000): Entstehung der schleswig-holsteinischen Nordseeküste. http://www.uni-kiel.de/Geographie/lehrv_online/Pellworm/pellwormcd/daniel/daniel.html. Letzter Zugriff: 22.03.2010.

MÖLLER, H. (2009a): Bau eines Deiches mit Sandkern. http://www.deichverband-cuxhaven.de/00000198670083d01/033e67988d13a3319/index.htm. Letzter Zugriff: 22.03.2010.

MÖLLER, H. (2009b): Entwicklung der Deichquerschnitte seit 1600. http://www.deichverband-cuxhaven.de/033e67988d139a803/033e6798d40f4861b/index.htm. Letzter Zugriff: 22.03.2010.

NLWKN (Niedersächsischer Landesbetrieb für Wasserwirtschaft, Küsten- und Naturschutz) (Hrsg.) (2005): Katastrophen-Sturmfluten seit 1164. Norden. Abrufbar im Internet: http://cdl.niedersachsen.de/blob/images/C14687682_L20.pdf. Letzter Zugriff: 22.03.2010.

NLWKN (Niedersächsischer Landesbetrieb für Wasserwirtschaft, Küsten- und Naturschutz) (Hrsg.) (2007): Generalplan Küstenschutz Niedersachen/Bremen. Festland. Norden. Abrufbar im Internet: http://cdl.niedersachsen.de/blob/images/C36180448_L20.pdf. Letzter Zugriff: 22.03.2010.

NLWKN (Niedersächsischer Landesbetrieb für Wasserwirtschaft, Küsten- und Naturschutz) (Hrsg.) (2008): Küstenschutz für die Insel Baltrum. Umgestaltung des Westkopfes. Norden. Abrufbar im Internet: http://cdl.niedersachsen.de/blob/images/C48122230_L20.pdf. Letzter Zugriff: 23.03.2010.

PAG (Profilarbed Arcelor Gruppe) (2004): Stahlspundwände in Hochwasserschutz und Kanaldeichen. http://www.arcelormittal.com/sheetpiling/uploads/files/ 54ddf22b3607b81381e8ecc27f963129.pdf. Letzter Zugriff: 22.03.2010.

PBFA (Projektbüro Fahrrinnenanpassung) (Hrsg.) (2006): Hochwasserschutz an der Unterelbe. Stand und Perspektiven. Kleines Deichlexikon. Hamburg. Abrufbar im Internet: http://www.zukunftelbe.de/downloads/hochwasserschutz-09-2006.pdf. Letzter Zugriff: 22.03.2010.

RHEIDER DEICHACHT (2008a): Deich-ABC. http://www.rheider-deichacht.de/ deich_abc.html. Letzter Zugriff: 22.03.2010.

RHEIDER DEICHACHT (2008b): Deichbau heute. http://www.rheider-deichacht.de/ deichbau_heute.html. Letzter Zugriff: 22.03.2010.

RHEIDER DEICHACHT (2008c): Ein Blick zurück. http://www.rheider-deichacht.de/ historisches.html. Letzter Zugriff: 22.03.2010.

RHEIDER DEICHACHT (2009): Sturmflut. http://www.rheider-deichacht.de/sturmflut.html. Letzter Zugriff: 22.03.2010.
RITCHIEWIKI (2009): Compactor. http://www.ritchiewiki.com/wiki/index.php/Compactor. Letzter Zugriff: 22.03.2010.

SCHWITTERS, J., D. LUEKEN & P. JANSSEN (2006): Deich-Prospekt. http:// www.deichacht-krummhoern.de/tl_files/Dokumente/DEICH-Prospekt.pdf. Letzter Zugriff: 23.03.2010.

SOMMER, H. (2008): Deichbau. http://www.gymnasium-schloss-neuhaus.de/faecher/deutsch/powerpointpraesentationen/deichbau/Deichbau.htm. Letzter Zugriff: 23.03.2010.

STROBL, TH., G. HAIMERL & R. HUBER (2005): Neue Bemessungshochwasser. Gründe und Konsequenzen. http://www.lrz-muenchen.de/~t5431az/webserver/webdata/mitarbeiter/huber/strobl%20haimerl%20huber%202003%20agaw%20salzburg%20-%20neue%20bemessungshochwasser.pdf. Letzter Zugriff: 22.03.2010.

UBAKOMPASS (2009): Klimabüro für Polargebiete und Meeresspiegelanstieg. http://www.anpassung.net/nn_1718690/SharedDocs/UDK-Dokumente/KlimabuerofuerPolargebieteundMeeresspiegelanstieg.html. Letzter Zugriff: 22.03.2010.

UNI-PROTOKOLLE.DE (2004): Marsch. http://www.uni-protokolle.de/Lexikon/Marsch.html. Letzter Zugriff: 23.03.2010.

WASSER- UND BODENVERBÄNDE OTTERNDORF (2010): Was versteht man unter Deichunterhaltung? http://www.wasser-otterndorf.de/00000198670085403/00000099da0974101/index.html. Letzter Zugriff: 22.03.2010.

WASSERWIRTSCHAFTSAMT ANSBACH (2010): Der Vorsperrendamm. http://www.wwa-an.bayern.de/projekte_und_programme/ueberleitung/rothsee/vorsperrendamm.htm. Letzter Zugriff: 22.03.2010.

WESSELS, P. (2003): Rohstoff Klei. http://www.nordwestreisemagazin.de/ziegeleimuseum/klei.htm. Letzter Zugriff: 22.03.2010.

ZENO.ORG (2009): Meyers Großes Konversations-Lexikon. Deich. http://www.zeno.org/Meyers-1905/A/Deich. Letzter Zugriff: 23.03.2010.

Abbildungsnachweis

Abb. 0: Hintergrundbild des Deckblattes (verändert nach HANSEN, 2010; KALASHNIKOVA, 2009)

HANSEN, G. (2010): Lage vom Gästehaus Reetfleet auf Eiderstedt. http://www.hansen-toenning.de/lage-vom-ferienhaus/index.html. Letzter Zugriff: 22.03.2010.
und
KALASHNIKOVA, T. (2009): Tsunami Laboratory. http://tsun.sscc.ru/. Letzter Zugriff: 22.03.2010.

Abb. 1: Meeresspiegelanstieg seit der letzten Eiszeit (UNIVERSITY OF KIEL, 2009)

UNIVERSITY OF KIEL (2009): Frühe Monumentalität und soziale Differenzierung. Zur Entstehung und Entwicklung neolithischer Großbauten und erster komplexer Gesellschaften im nördlichen Mitteleuropa. Voraussetzungen, Struktur und Folgen von Siedlung und Landnutzung zur Zeit der Trichterbecher- und Einzelgrabkultur in Nordwestdeutschland. http://www.monument.ufg.uni-kiel.de/projekte/trichterbecher-nw-deutschland/ projektbeschreibung/. Letzter Zugriff: 22.03.2010.

Abb. 2: Meeresspiegelanstieg laut Satellitenvermessung (CSIRO MARINE AND ATMOSPHERIC RESEARCH, 2009b)

CSIRO MARINE AND ATMOSPHERIC RESEARCH (2009b): Historical sea level changes. Last two decades. http://www.cmar.csiro.au/sealevel/sl_hist_last_15.html. Letzter Zugriff: 22.03.2010.

Abb. 3: Sturmfluthäufigkeit am Pegel Norderney (NLWKN, 2009c)

NLWKN (Niedersächsischer Landesbetrieb für Wasserwirtschaft, Küsten- und Naturschutz) (2009c): Sturmfluthäufigkeit am Pegel Norderney. http://cdl.niedersachsen.de/blob/images/ C32482444_L20.pdf. Letzter Zugriff: 22.03.2010.

Abb. 4: Schaffußwalze (FLEMING, 2009)

FLEMING, G. (2009): Sheepsfoot Roller. http://www.gordyflemingequipment.com/ sheepsft.htm. Letzter Zugriff: 22.03.2010.

Abb. 5: Deichquerschnitte seit 1600 (MÖLLER, 2009b)

MÖLLER, H. (2009b): Entwicklung der Deichquerschnitte seit 1600. http://www.deichverband-cuxhaven.de/033e67988d139a803/033e6798d40f4861b/index.htm. Letzter Zugriff: 22.03.2010.

Abb. 6: Deichquerschnitte und Flächenbedarf (OHLE & DUNKER, 2003)

OHLE, N. & S. DUNKER (2003): Konstruktive Maßnahmen zur Stabilisierung von Deichen. http://www.fi.uni-hannover.de/~material/pdf_franzius_mitteilungen/heft86_artikel01.pdf. Letzter Zugriff: 22.03.2010.

Abb. 7: Einzelwert- und Vergleichsverfahren (NLWKN, 2007)

NLWKN (Niedersächsischer Landesbetrieb für Wasserwirtschaft, Küsten- und Naturschutz) (Hrsg.) (2007): Generalplan Küstenschutz Niedersachen/Bremen. Festland. Norden. Abrufbar im Internet: http://cdl.niedersachsen.de/blob/images/C36180448_L20.pdf. Letzter Zugriff: 22.03.2010.

Abb. 8: Küstenschutzelemente wie Marschland, Winter- und Schlafdeich (NLWKN, 2007)

NLWKN (Niedersächsischer Landesbetrieb für Wasserwirtschaft, Küsten- und Naturschutz) (Hrsg.) (2007): Generalplan Küstenschutz Niedersachen/Bremen. Festland. Norden. Abrufbar im Internet: http://cdl.niedersachsen.de/blob/images/ C36180448_L20.pdf. Letzter Zugriff: 22.03.2010.

Abb. 9: Entwicklung von Baltrum (NLWKN, 2008)

NLWKN (Niedersächsischer Landesbetrieb für Wasserwirtschaft, Küsten- und Naturschutz) (Hrsg.) (2008): Küstenschutz für die Insel Baltrum. Umgestaltung des Westkopfes. Norden. Abrufbar im Internet: http://cdl.niedersachsen.de/blob/images/C48122230_L20.pdf. Letzter Zugriff: 23.03.2010.

Abb. 10: Computergrafik des geplanten Umbaus und Luftbild vom März 2008 (NLWKN, 2008)

NLWKN (Niedersächsischer Landesbetrieb für Wasserwirtschaft, Küsten- und Naturschutz) (Hrsg.) (2008): Küstenschutz für die Insel Baltrum. Umgestaltung des Westkopfes. Norden. Abrufbar im Internet: http://cdl.niedersachsen.de/blob/images/C48122230_L20.pdf. Letzter Zugriff: 23.03.2010.

Abb. 11: Das Gebiet der 22 Deichverbände Niedersachsens (NLWKN, 2007)

NLWKN (Niedersächsischer Landesbetrieb für Wasserwirtschaft, Küsten- und Naturschutz) (Hrsg.) (2007):
Generalplan Küstenschutz Niedersachen/Bremen. Festland. Norden. Abrufbar im Internet:
http://cdl.niedersachsen.de/blob/images/C36180448_L20.pdf. Letzter Zugriff: 22.03.2010.

Abb. 12: Gebiet der Deichacht Esens-Harlingerland (NLWKN, 2007)

NLWKN (Niedersächsischer Landesbetrieb für Wasserwirtschaft, Küsten- und Naturschutz) (Hrsg.) (2007):
Generalplan Küstenschutz Niedersachen/Bremen. Festland. Norden. Abrufbar im Internet:
http://cdl.niedersachsen.de/blob/images/C36180448_L20.pdf. Letzter Zugriff: 22.03.2010.

Abb. 13: Schematischer Längsschnitt des Gebiets der Deichacht Esens-Harlingerland
(NLWKN, 2007)

NLWKN (Niedersächsischer Landesbetrieb für Wasserwirtschaft, Küsten- und Naturschutz) (Hrsg.) (2007):
Generalplan Küstenschutz Niedersachen/Bremen. Festland. Norden. Abrufbar im Internet:
http://cdl.niedersachsen.de/blob/images/C36180448_L20.pdf. Letzter Zugriff: 22.03.2010.